Bilder einer Landschaft

GORDON BENINGFIELD

Bilder einer Landschaft

Ein Lehrstück, die Natur zu lieben

URACHHAUS

Übersetzung aus dem Englischen
von Roswitha Münch-von dem Borne
Titel der englischen Originalausgabe
»Beningfield's Countryside«

ISBN 3 87838 308 8

Satz: Offizin Chr. Scheufele, Stuttgart
Druck: Royal Smeets Offset bv, Weert, Holland

Inhalt

Einführung

Wäre damals nicht gerade der Krieg ausgebrochen, dann wäre ich wohl in London aufgewachsen, wo mein Vater auf der Themse arbeitete. So aber zählte ich eben drei Jahre, als meine Familie nach Hertfordshire übersiedelte und sich ungefähr zehn Meilen von meinem jetzigen Heim entfernt niederließ. Seitdem lebe ich in dieser Gegend. Sicher wäre ich auch dann Maler geworden, wenn wir damals in London geblieben wären, aber ohne das frühe Eintauchen in die Natur hier draußen hätte ich diesen Inhalt für meine Malerei gewiß nie gefunden.

In unserer Dorfschule durfte jeder, der Lust dazu hatte, zwei Wochen im Jahr freinehmen, um auf einem Bauernhof zu arbeiten. Diese Gelegenheit ließ ich mir nie entgehen. Ich meldete mich immer zum Obstpflücken, zur Kartoffelernte oder zu anderem, das sich

sonst noch an Hilfsarbeiten für einen Schuljungen bot. Jedes Jahr gelang es mir dann auch, zu »vergessen«, daß ich eigentlich nach vierzehn Tagen in die Schule zurück mußte. Ich blieb einfach ein paar Wochen länger auf dem Bauernhof, während die anderen Jungens schon längst wieder die Schulbank drückten. Zum Glück schien mein Schuldirektor, der offenbar schon eine recht deutliche Vorstellung von meiner Zukunft hatte, der Meinung zu sein, daß diese zusätzlichen Arbeitswochen beim Bauern für mich nur von Vorteil sein konnten. Er holte mich nie in die Schule zurück. Seine Einstellung zu meiner Malerei war ähnlich: Er konnte mich tagelang malen lassen, während die anderen Schüler sich mit wissenschaftlichen Themen abplagen mußten, die ich wiederum ziemlich langweilig und schwierig fand.

Bereits zu diesem frühen Zeitpunkt war mir klar, daß ich Maler werden wollte. Nun hatte ich auch noch das Glück, daß mein Vater ein begeisterter Amateur-Maler war, der mir mehr geben konnte als nur einen Ansporn. Ich lernte von ihm viele technische Feinheiten und versetzte meinen Kunsterzieher in der Schule damit in Erstaunen. Während des Krieges nahm mich mein Vater auf der Stange seines Fahrrads mit, wenn er über die holprigen Feldwege zum Zeichnen und Malen fuhr. Als ich dann sechs oder sieben Jahre alt war, saß ich schon neben ihm und zeichnete ebenfalls, vor allem Vögel und Säugetiere wie Mäuse und Rehe, aber auch weise alte Eulen. Zuweilen modellierte ich die Tiere zu Hause aus Knetwachs. Zunächst war es überhaupt einfacher für mich, wie für jedes andere Kind auch, nicht nach der Natur zu zeichnen, sondern mich nach Vorlagen aus Büchern zu richten. In der Natur sah man ja meist bloß Krähen, Rebhühner und Hasen. Die allerdings gab es massenweise. Sie hüpften auf jedem Feldweg herum.

Dennoch bemühte ich mich mit der Zeit mehr und mehr, auch die Tiere zu zeichnen, die ich in der Natur sah. Ebenso versuchte ich mich bald an Landschaften, die mein Vater besonders gern malte. Von Anfang an befaßte ich mich bei meinen Arbeiten mehr mit Tieren als mit Menschen – Personen haben mich selten als Thema gereizt. Vielleicht hängt das damit zusammen, daß ich so ganz auf dem Lande aufgewachsen bin und dadurch nicht von einzelnen Erscheinungen gefangen war; mich bezauberte die Natur im allgemeinen. Ich liebte es ganz einfach, in ihr zu sein.

Man darf nicht vergessen, daß zu jener Zeit – während des zweiten Weltkrieges und kurz danach – die hiesige Natur noch viel reicher war als heute. Die Hecken, welche die kleinen, saftigen Wiesen voneinander trennten, waren üppig und dicht, von kräftigen Hagedornbüschen und oft recht großen Baumgruppen durchsetzt. Landwirtschaft wurde

damals in bedeutend kleinerem Umfang betrieben und war hauptsächlich gemischt. Die meisten Bauern hielten Vieh und bebauten ihre Äcker nebenher. Alle hatten Hühner, die auf dem Hof herumspazierten, und frei laufende Schweine. Stets wollte ich mit den anderen Jungen aus dem Dorf hinaus, wollte durch die Felder streifen, wie es Landkinder eben gern tun. Wir beobachteten Vögel, versuchten Frösche und Wassermolche zu fangen – meistens gab es auf den Wiesen irgendeinen Tümpel. Zur Erntezeit folgten wir dem Garbenbinder und sahen mit Entzücken die Fülle von Lebewesen, die aus dem kleiner werdenden Reich des ungeschnittenen Kornfeldes heraussprangen: Kaninchen und Mäuse, aber auch einige Feldhasen und zuweilen sogar ein Fuchs. Rebhühner stiegen plötzlich hoch und hin und wieder eine Wachtel. Ging man im September und Oktober über die Stoppelfelder, dann flatterten Scharen von Rebhühnern auf.

Wieviel friedlicher war das Leben auf dem Lande ohne die großen lärmenden Maschinen, die es jetzt überall gibt! Wir veranstalteten alle möglichen Spiele auf der Landstraße. Man konnte dort so gut Hüpfekästchen machen oder Rollschuh laufen (mit einem Rollschuh natürlich, zwei konnten wir uns nicht leisten!). Hin und wieder hörten wir dann aus der Ferne ein knatterndes Geräusch, das uns ein klappriges Auto ankündigte. Wir hatten genügend Zeit, aus dem Weg zu gehen; außerdem tauchte höchstens alle zwei Stunden eins auf. Die friedliche, üppige Landschaft von vor dreißig Jahren war noch eine ganz andere Welt als die, in der wir heute leben; aber es ist die Welt, die ich in meinen Bildern zeige.

Nun, da so viele Hecken verschwunden und Wiesen umgepflügt sind, ist die Landschaft offen und weit geworden. Sie hat ihr trautes und einhüllendes Wesen verloren, das ich so sehr liebte. Dennoch sind kleine Bereiche geblieben, wie sie einst waren, besonders in Dorset, das sich viel weniger verändert hat als die meisten Grafschaften in Südengland.

Die tiefen Talmulden werden zum Glück immer schwierig zu bewirtschaften sein, und da sie ungeeignet sind für großangelegte Getreidefelder, gab es hier auch nie einen Grund, die dichten Hecken auszureißen. Ich gehe nach Dorset, um dort jene Landschaft zu finden, in der es immer noch Plätze gibt, wo man herumstreifen kann oder alte Törchen einen locken, hindurchzugehen und all die erregenden Dinge aufzuspüren, die sich dahinter verbergen. Dank der großen Landsitze hat sich aber auch etwas von dieser Qualität, die für mich das Wesentliche des alten England ausmacht, in Hertfordshire erhalten.

Das ist die Umgebung, in der ich mich wohlfühle. Sicher hätte ich, als ich die Schule verließ, eine Arbeit im Bereich der Landwirtschaft aufgenommen, wenn ich nicht die Gelegenheit gehabt hätte, die Kunstschule zu besuchen und Kirchenmaler zu werden. Etwa zehn Jahre lang war ich nun sehr beschäftigt mit technischen Fragen und mit meinem neuen Beruf. Doch selbst damals ging ich, wenn ich gerade in einer Dorfkirche arbeitete, am liebsten auf den Kirchhof hinaus, um dort zu malen und zu zeichnen. Hatte ich in einer Kirche in der Stadt zu tun, dann blieb ich meistens drinnen.

Als ich Anfang zwanzig war und geheiratet hatte, führte mich mein Hang zur Natur aufs Land zurück. Ich bin immer noch der Meinung, daß ich gewiß Bauer oder Wildhüter geworden wäre, wenn ich nicht meine Erfüllung als Maler gefunden hätte. Vielleicht wäre ich sogar Schäfer geworden. Ich streifte an den Wochenenden mit meinem Hund umher und fing wieder an zu fischen und Vögel und Schmetterlinge zu beobachten. Ermuntert durch meine Frau, begann ich erneut, zunächst nur zum Vergnügen, alles zu malen, was ich sah, genauso, wie ich es vor vielen Jahren getan, doch jetzt mit der Kunstfertigkeit, die ich mir während meiner Arbeit in den Kirchen erworben hatte. Die ersten Bilder zeigten einfach Dinge, die wir am Wochenende taten, aber bald hatte ich mein Thema gefunden: Seitdem male ich nur noch die englische Landschaft.

Meine Arbeit ist das ziemlich genaue Gegenteil von einer wissenschaftlichen Buchillustration, die es sich zum Ziel setzt, ein Tier oder eine Pflanze genauso zu zeichnen, wie sie aussehen, und mit ihren speziellen Erkennungsmerkmalen exakt wiederzugeben. Ich hingegen möchte die Jahreszeiten und die Stimmungen in der Natur miteinfangen, so daß man den Gegenstand des Bildes gleichsam riechen kann, ob ich nun einen Fuchs male oder einen Wald voller Hasenglöckchen. Ich kann kein Tier malen, ohne gleichzeitig die ganze Umgebung in mich aufzunehmen. Vor allem versuche ich dann, meine Empfindungen mitzuteilen, so daß jeder, der das Bild betrachtet, davon ergriffen werden muß. So möchten meine Bilder nicht nur einfach das Leben in der Wildnis zeigen, sondern die Natur in ihrer Ganzheit. Weil ich mir in meiner Malerei die Aufgabe gestellt habe, die

Vorzüge des Landes, das ich liebe, zu preisen, kann ich nicht umhin, ständig die Zerstörung des ländlichen England, die ringsum betrieben wird, im Bewußtsein zu haben. Ich erinnere mich an unzählige Spinnennetze, die im Herbst die Hecken zierten und sich kunstvoll durch sie hindurchzogen. Zwar kann man immer noch einige sehen, aber mir scheint, daß es heute viel weniger gibt, und was noch schlimmer ist: viel weniger Hecken! Heuschrecken und Grillen stimmten früher bei aufsteigender Dämmerung ein unbeschreibliches Gezirpe an; heute muß man Gegenden aufsuchen, die weitab vom Wege liegen, wie die unberührten Plätze in Dorset, um die kleinen Musikanten noch zu hören. Wie gern beobachtete ich immer die Sperber, wenn sie über die Hecken jagten! Heute muß man sich schon sehr glücklich schätzen, wenn man in Hertfordshire so etwas wie den flüchtigen Schimmer eines Sperbers erhaschen kann. Sowohl die Zahl als auch die Vielfalt der Lebewesen in der Natur haben sich in den letzten Jahren erschreckend verringert.

Das Land wurde mit Chemikalien durchtränkt und der bestehende Lebensraum immer mehr eingeengt. Beides hat das Gleichgewicht der Natur ernsthaft gestört. Vielleicht sind nur Ringeltauben vom Einsatz der Chemikalien unberührt geblieben. Sie lassen sich noch in Horden auf die Getreidefelder nieder und richten beim Rosenkohl in den Gärtnereien von Bedfordshire großen Schaden an. Dennoch würde ich es verabscheuen, wenn man sie drastisch in der Anzahl reduzierte. Der Ruf einer Ringeltaube, der im Frühsommer durch den Wald hallt, ist etwas, das mir sehr viel bedeutet. Was die Zerstörung anbetrifft, die sie zweifellos anrichten, meine ich, daß wir das eben hinnehmen müssen. Schädlinge zu vernichten bedeutet doch gleichzeitig unweigerlich, das Leben in der Natur auszulöschen. Zwangsläufig haben manche Arten mehr gelitten als andere. Der Turmfalke hat nicht so viel Schaden genommen, dafür der Sperber um so mehr, denn die jungen Vögelchen, die er fütterte, nahmen die Chemikalien mit ihrer Nahrung auf. Jetzt beginnt er langsam, sich etwas zu erholen. Auch Elstern sind wieder zahlreicher geworden, aber es gibt keineswegs mehr so viele Krähen in den Krähenhorsten wie früher. Nur vor meinem Haus sind sie noch in großer Zahl zu beobachten.

Unter den Tieren draußen in der Wildnis vermisse ich besonders das Rebhuhn, das sich so gern auf den Äckern aufhielt. Ein anderer trauriger Verlust ist für mich das Aussterben des Wassermolches. Gab es doch einst fast in jedem Tümpel einen Molch! Ich erinnere mich noch gut an die Aufregung, wenn wir Molche gefangen hatten und dann ihre gelbgefleckten Bäuche betrachteten. Heutzutage kennen die Kinder wohl kaum mehr das erregende Erlebnis, auf Molchjagd zu gehen.

Den ländlichen Gebieten widerfuhr vor allem, daß sie im Interesse einer Ertragssteigerung bereinigt und rationalisiert worden sind. Selbstverständlich werden beim Ausholzen der verwilderten Gebiete wichtige Lebensräume der Natur zerstört. Wir können nicht so handeln und dann gleichzeitig erwarten, daß das Leben in der Wildnis erhalten bleibt. Für die Tiere ist die Flurbereinigung eine solche Katastrophe, als wenn bei uns die Häuser abgerissen und uns die Geschäfte genommen würden, so daß wir uns keine Nahrungsmittel mehr beschaffen könnten.

Als Künstler kann ich keinen Gefallen an den weiten Kornfeldern finden, wo kaum ein Baum und ganz sicher keine Hecke mehr stehengelassen wurden. Und was noch wichtiger ist: Diese Landschaft ist der herkömmlichen englischen Kulturlandschaft vollkommen fremd, und es wird alles zusehends schlimmer. Jedes Jahr im Herbst gibt es weitere Verwüstungen durch das rücksichtslose Abbrennen der Stoppelfelder. Die Bäume, die

zunächst hier stehenbleiben, sind mit Sicherheit so versengt, daß sie in zwei oder drei Jahren absterben werden. Die Ironie hierbei liegt darin, daß das Land zu jener Zeit, als die Pflüge noch von Pferden gezogen wurden, meiner Meinung nach einen größeren Gewinn pro Morgen erbrachte als heute. Es wurden viel mehr Menschen benötigt, um das Land zu bestellen, während man heute der Ansicht ist, daß größerer landwirtschaftlicher Nutzen wie in der Industrie durch den Einsatz von Maschinen anstelle von Menschen zu erreichen ist.

Die großen Getreidefelder entbehren all jener Reize, die früher ein Kornfeld ausmachten. Wenn es heute darin Fremdpflanzen gibt, wie Klatschmohn oder Kornblumen, dann gelten die Felder als schlecht bewirtschaftet. Selbst am Rande der Felder wurde durch Spritzen mit Chemikalien und radikales Aussäubern die ganze Flora und Fauna vernichtet, die früher einfach zu den Äckern dazugehörte. Vor zwanzig Jahren war die Situation sogar noch schlimmer. Ich erinnere mich, daß ich einmal Anfang September der sechziger Jahre den Wildhüter auf einem Gut in der Nähe meines Wohnsitzes besuchte. Ich fand ihn in seiner Wildkammer vor einem über einen Meter hohen Haufen toter Vögel und Säuger sitzen. Das war auf einem Landsitz, der einerseits Unsummen ausgab, um Jagdvögel abzurichten, andererseits noch mehr Geld für Chemikalien, wodurch unzählige Tiere umkamen.

Noch immer herrschen solche Mißstände, obwohl die Landwirtschaft sich in den letzten zwanzig Jahren so sehr entwickelt hat. Welche Kontrolle könnte über die Stärke der eingesetzten Chemikalien geführt werden? Wahrscheinlich neigen die Leute auch noch eher dazu, mehr zu spritzen, als nötig ist. So ist es unmöglich, das ganze Ausmaß dessen zu überschauen, was geschieht. Man kann auch nicht all die Mittel kennen, die auf das Land gespritzt werden. So sickern alle Arten von Substanzen bis auf das Grundwasser durch und vergiften die Bäume und verunreinigen die Gewässer.

Es wäre wohl etwas zu leicht, die Schuld am Schicksal der Natur und ihrer Lebewesen einfach nur den Bauern zuzuschieben. Die meisten haben, da bin ich sicher, das Herz auf dem rechten Fleck. Aber sie sind in ihren Aktivitäten durch staatliche Unterstützung ermutigt worden. Wenn überhaupt, dann wären wir alle zu tadeln, weil wir in erster Linie darauf bedacht sind, billige Nahrungsmittel zu erwerben, und erst in zweiter Linie daran denken, welche Folgen das wohl für die Natur hat. Zudem haben die beteiligten Firmen eine Flut von Flugblättern losgelassen, auf denen die Vorzüge jeder neuen Chemikalie gepriesen werden, die aber wenig aussagen über die negativen Wirkungen auf die

Natur. So verschweigen sie, daß der Bauer, hat er erst einmal angefangen, seinen Acker mit Chemikalien zu behandeln und die Schädlinge zu vernichten, bald gezwungen ist, immer noch mehr Chemikalien einzusetzen, weil der Humus dem Boden inzwischen entzogen ist und die natürlichen Räuber in der Erde vergiftet sind.

Das Leben hat sich so sehr geändert, daß wir leicht vergessen, was wir einmal noch alles gesehen haben. Ich hoffe, daß früher oder später die Menschen anfangen, über die Dinge nachzudenken, die sie in der Natur geliebt haben, – die Dinge, die sie in meinen Bildern wiederfinden werden. Dann stellen sich die Bauern vielleicht eines Tages selbst die Frage, ob es eine so große Einbuße für ihren Ertrag bedeutete, wenn wir diese Kostbarkeiten heute noch hätten. Es wäre ideal, immer mehr Bauern davon überzeugen zu können, wie wichtig die Erhaltung der Natur ist, denn es gibt keinen Grund, warum guter Landbau und Naturschutz nicht zu vereinen sein sollten.

Die Landschaft in Südengland ist ganz durch den Menschen gestaltet worden, aber Jahrhunderte lang wurde dieser Prozeß begrenzt durch die Mittel, die zur Verfügung standen. Die Natur mußte berücksichtigt werden und machte dem Menschen oft schwer zu schaffen. Hecken und Bäume konnten heranwachsen, weil es die Geräte noch nicht gab, die das Herausreißen erleichterten. Nach Einführung der Heckenschneidemaschine, die wahllos alles weghackt, werden nicht mehr viele junge Bäumchen in den Hecken Aussicht haben, zu Bäumen heranzuwachsen. Mit den Maschinen und den Chemikalien, die seit dem Krieg eingeführt wurden, hat der menschliche Vorwärtsdrang einen Punkt erreicht, dem die Natur keine Kräfte mehr entgegenzusetzen hat. Sie schreit um Hilfe.

Noch befinden wir uns in einem Stadium, das uns die Wahl läßt, ob wir sie retten möchten. Mit der außerordentlichen Regenerationsfähigkeit der Natur kann in Gegenden, die man nur für einige Jahre sich selbst überläßt, wieder eine Wildnis entstehen, die von zahlreichen Lebewesen bevölkert wird. Stillgelegte Eisenbahnlinien sind ein treffendes Beispiel dafür, wie Schmetterlinge wieder einen Zufluchtsort finden können. Naturschutz heutzutage ist nicht nur eine Angelegenheit der Großen Fleckenbläulinge oder Fischadler, obgleich natürlich die Raritäten unter allen Umständen geschützt werden müssen; es sind auch schon die ganz alltäglichen Erscheinungen, wie kleine Perlmutterfalter oder Wälder voller Hasenglöckchen, die unseren Schutz brauchen. Es ergeht der dringende Appell an uns, die Natur in ihrer Ganzheit mit der Vielfalt und dem Reichtum all ihrer Lebewesen und Pflanzen zu erhalten.

Die Bilder in diesem Buch zeigen einiges von dem, was ich an der englischen Landschaft so besonders liebe. In vielen Fällen wurden sie so komponiert, daß ich Elemente zusammentrug, die ich zu verschiedenen Zeiten und an verschiedenen Orten beobachtet hatte, um auf diese Weise eine besondere Umgebung oder Stimmung zu schaffen. Dennoch stammen alle Bilder aus Dorset oder aus der Nähe meines Wohnsitzes in Hertfordshire. Das Buch möchte keine nostalgischen Gefühle nach verlorengegangenen Kostbarkeiten erwecken. Es ist vielmehr ein Lobgesang auf die Natur, die noch besteht und erhalten werden kann. Ich hoffe inständig, daß sie auch für künftige Generationen dieselbe Bedeutung haben möge.

Gordon Beningfield

Das Haus

Mein Haus wurde um 1600 gebaut. Recht ungewöhnlich für damals sind seine hohen Zimmerdecken; es ist auch im Ganzen etwas größer, als man für diese Zeit annehmen würde. In mancher Hinsicht wurde wohl auch zusätzlich Geld dafür ausgegeben. So hat es zum Beispiel eine sehr sorgfältig ausgeführte Kieferntäfelung. Die Dachfenster sind zweifellos später eingebaut worden, und ein kleiner Anbau auf der Rückseite mag zweihundert Jahre alt sein.

Wir wissen wenig über die Geschichte unseres Hauses. Die Berichte gingen zum großen Teil verloren, als um die Jahrhundertwende ein Feuer ausbrach. Aus einer alten Aufzeichnung der Gemeinde, in der die Bewohner des Hauses genannt werden, wissen wir, daß im Jahre 1838 hier ein Mann namens Zebediah Hooker mit seiner Frau Virtue lebte. Etwa hundert Jahre vor unserem Einzug gehörte es der Familie Fowler. Ihre Nachkommen leben heute noch in der Nähe, im Haus der einstigen Stellmacher und Getreidehändler. Das Gewerbe des Getreidehandels war ursprünglich hier im Hause begonnen worden, und zwar durch Herrn Fowlers Vater, der vorher in der Mühle weiter unten am Fluß gearbeitet hatte.

Als wir einzogen, befand sich das Haus in einem sehr schlechten Zustand. Die Außenwände waren weiß getüncht und von schwarzen Balken unterbrochen, so daß das Ganze aussah wie eine Fälschung des Tudorstiles aus dem Jahre 1930. Zum Glück war das, was hier angerichtet worden war, mehr eine Angelegenheit des Anstreichens als ein Problem des Verfallenseins. Gewiß wäre es ein Leichtes gewesen, Handwerker zu bestellen und alles modernisieren zu lassen. Aber dann wäre ein »altes modernes« Haus daraus geworden. Mir war es lieber, die Schichten abzutragen und beinahe wie ein Archäologe herauszufinden, was sich darunter verbarg. So habe ich mit Hilfe von Freunden Balkendecken freigelegt und zwei Kaminfeuerstellen aufgedeckt, die wir sehr sorgfältig restaurieren konnten. Die Leimtünche von den Außenwänden abzulösen, war eine besonders harte Arbeit – man mußte mit der Hand die Schichten bis auf die bloßen Backsteine hinunter abkratzen. Jetzt zeigen die Balken eine natürliche Farbe, und die Backsteine haben wieder ihr gelbliches Rosa angenommen. Man kann deutlich an ihrem Maß sehen, daß sie aus einer recht frühen Zeit stammen müssen.

Ein kleiner Anbau am Hause fehlte, als ich es kaufte. Offenbar war er in einem so schlechten Zustand gewesen, daß er abgerissen worden war, aber die Grundmauern ließen sich noch genau feststellen. Herr Fowler kramte ein Foto hervor, das lange vor dem Kriege aufgenommen worden war. Es zeigte seinen Vater vor dem Haus, und man konnte gut darauf erkennen, wie der fehlende Teil ausgesehen hatte. Aufgrund des Fotos vermochten wir alles wieder so aufzubauen, wie es früher gewesen war. Um das Dach des Hauses abzutragen, brauchten wir Handwerker, und ich bat sie, das Moos nicht abzulösen, wenn sie die Ziegel herabnahmen. Als die Ziegel wieder eingefügt waren, stellte ich mit Entzücken fest, daß das Moos unbeschädigt geblieben war. Wahrscheinlich hatten immer Ziegel und nicht Stroh das Haus gedeckt, denn die Ziegel haben noch Holznägel und sind gewiß sehr alt, weshalb ich mir sogar vorstellen könnte, daß es noch die ursprünglichen sind.

Das Haus steht auf etwa einem Morgen Land, der nie mit Chemikalien bearbeitet noch sonst irgendwie mißhandelt wurde – ein schönes Stückchen ursprünglicher Natur, wo Veilchen und Stiefmütterchen blühen und der Februar wirklich Tausende von Schnee-

glöckchen bringt. Außer einem kleinen Wiesengrundstück vor dem Haus und einem auf der Rückseite ist der ganze Garten sich selbst überlassen worden, um für eine Fülle kleiner Lebewesen eine Zufluchtsstätte zu bilden.

Ich habe mir einen richtigen Bauerngarten angelegt mit Blumen, die den Pflanzen in der Wildnis sehr ähnlich sind – Kletterrosen, Wildes Silberblatt, Ringelblumen, Lupinen, Malven und natürlich Schmetterlingssträucher, um die Schmetterlinge anzulocken. Ich liebe Blumen, die süß riechen. Die meisten neuen Züchtungen lassen heute den Duft genauso vermissen, wie die moderne Nahrung an Geschmack eingebüßt hat. Geißblatt und Hundsrose sehen nicht nur zauberhaft und ursprünglich aus, sondern verströmen auch noch einen lieblichen Duft. Außer den einfachen Blumen und etwa dreißig Bäumen, die ich gepflanzt habe, ist alles im Garten wild gewachsen. Ich teile nicht die Meinung der

Leute, die meinen, erst einmal alles herausreißen zu müssen, bevor sie einen Garten anlegen. Gartenarbeit scheint mit demselben Hang zur Zerstörung verbunden zu sein wie Ackerbau und Forstwirtschaft. Wenn ich Gärtner von »Unkraut« reden höre, dann wünschte ich, sie sagten wenigstens »wilde Blumen«, denn letzten Endes ist Unkraut nichts anderes. In meinen Augen sind die meisten wilden Blumen schöner als die verschiedenen Arten, die angepflanzt werden.

Hinter dem Haus verläuft eine dichte, ganz herkömmliche Hecke mit Haselsträuchern, die, wie man mir sagte, ungewöhnlich hoch sind. Dahinter erstreckt sich ein alter Obstgarten mit mächtigen Apfelbäumen, die von Efeu umrankt sind, in dem Zitronenfalter überwintern. Hin und wieder breche ich einen schmalen Pfad durch das dichte Gestrüpp des Obstgartens, damit ich hindurchgehen kann. Ansonsten schneide ich lediglich im Februar die Sträucher etwas zurück, um Luft und Licht hindurchzulassen.

Die meisten Gärtner wären sicher der Meinung, daß mein Garten ein regelrechter Dschungel sei. Aber selbst wenn ich mir so etwas anlegte, was man gewöhnlich unter einem Garten versteht, wollte ich ihn doch immer noch so haben, daß man nicht alles auf einen Blick überschauen kann. Für mich muß ein Garten so voller Geheimnisse sein, wie es einst unsere alte Heckenlandschaft war. In meinem Garten finde ich unerschöpfliche Anregungen für meine Bilder. Brauche ich einen Hintergrund für eine Pflanzen- oder Tierstudie, so kann ich einfach hinausgehen und finde das Gewünschte. Pflanzen wie Wiesenkerbel, Wald-Geißbart, Disteln und Winden haben Blütenformen, an denen ich mich nicht sattsehen kann, so daß ich wieder und wieder zu ihnen zurückkehren möchte.

Eines Tages im Frühjahr inspirierte mich mein Obstgarten zu einem großen Bild. Zu einem bestimmten Zeitpunkt bersten die alten Apfelbäume fast vor Blüten, während unter ihnen der Wiesenkerbel von Blüten überschäumt. Der ganze Obstgarten trägt einen zart getupften Schleier aus zweierlei Blüten, die sich gleichzeitig voll entfaltet haben. Die Hühner auf diesem Bild sind richtige Obstgarten-Hühner, ganz so, wie sie sein sollten. Ich halte hier auch einen Kampfhahn, den mir Phil Drabble gegeben hat, ein guter Kenner dieser alten Kampfvögel. Der Hahn und die Henne, die ich dazu bekam, sind jetzt ein besonderer Bestandteil meiner Menagerie. Auf dem Bild wollte ich den Kampfhahn so vorteilhaft wie nur möglich zeigen, etwa in der Art, wie man im 19. Jahrhundert einen preisgekrönten Vogel dargestellt hätte, gleichzeitig aber auch so, wie er wirklich ist, ohne ihn zu idealisieren.

In den Sommermonaten, wenn der Obstgarten ganz zugewachsen ist mit Gras und Wiesenbärenklau, kann man Nester von Zwergmäusen finden. Manchmal nisten sie auch im Röhricht vor dem Haus.

Heutzutage haben sich die Zwergmäuse aus den Kornfeldern zurückgezogen und leben meist in Hecken. Meine Darstellung von ihnen zwischen den Hagebutten ist kein Phantasiebild, sondern wurde nach der Natur gemalt. Die Zwergmaus hat sich dem Umstand angepaßt, daß die Kornfelder keine gastliche Herberge mehr für sie abgeben, und wurde so nicht ausgerottet wie die Wachteln, die mit dieser Tatsache nicht zu Rande kamen.

Zu den aufregendsten Bewohnern meines Gartens gehören Haselmäuse, die jetzt noch seltener geworden sind als vor ein paar Jahren. Sie waren schon immer schwierig zu entdecken, aber wenn man einen Holzklotz vorsichtig umdreht oder die lose Rinde von einem alten Baum ablöst, kann man zuweilen darunter ein Nest finden. Es macht nichts, daß ich hier noch nie Haselmäuse gesehen habe, obwohl ich sehr glücklich wäre, wenigstens einmal einen flüchtigen Blick auf sie werfen zu können. Im Augenblick genügt es mir, offene Nüsse zu finden mit so sauberen runden Löchern, daß ich weiß: Das können nur Haselmäuse gewesen sein!

Ich kann auch Hermeline und Wiesel beobachten, und kürzlich versuchte ein Dachs in meinen Kaninchenstall einzudringen. Ein verwilderter Garten lockt natürlich auch viele Arten von Vögeln an – Spechte, Kleiber, Baumläufer, Grasmücken, Goldhähnchen und natürlich zahlreiche Finkenvögel wie Bluthänflinge und Zeisige, Dompfaffen und Buchfinken. Der Garten ist wirklich eine Fortsetzung der freien Natur. Wir haben lediglich ein wenig Wiese rings um das Haus, damit wir hinaus- und hineingehen können. Ich brauche nur aus der Tür zu treten und kann anfangen zu malen.

Schmetterlinge

Als ich meine Arbeit als Naturmaler begann, befaßte ich mich zunächst mit Wildvögeln wie Fasanen und Rebhühnern. Dann ging ich dazu über, kleine Singvögel und Säugetiere zu malen. Ganz besonders angezogen fühlte ich mich jedoch immer von Schmetterlingen. Ich freue mich, wenn es mir gelingt, Abweichungen und Variationen bei den verschiedenen Arten zu erkennen. Viele meiner Lieblingsplätze sind ein Paradies für Schmetterlinge. Ich wollte etwas Neues bringen: nämlich sie als lebende Geschöpfe in ihrer Welt

zeigen, sie nicht als tote Arten in einem Erkennungsbuch darstellen. Weil Schmetterlinge normalerweise nicht mit ausgebreiteten Flügeln in einer Schaukasten-Haltung verweilen, zeigen meine Bilder sie so, wie man sie in der Natur erleben kann. Da haben sie dann häufig die Flügel über dem Rücken hochgefaltet, so daß man nur einen Teil ihrer glänzend bunten Oberseite wahrnehmen kann.

Ich habe sieben oder acht Jahre lang mit Schmetterlingsbildern herumexperimentiert und Malmethoden zu entwickeln gesucht. Das bedeutete natürlich, in der freien Natur zu malen, es hieß aber auch für mich, auf Händen und Knien in der Schmetterlingswelt herumzukriechen. Hier half mir wie immer mein verwunschener wilder Garten. Er ist eine Brutstätte für Tagpfauenaugen und kleine Perlmutterfalter. Es gibt aber auch Bläulinge in der Hecke und Kommafalter auf den Brennesseln.

Die Admirale, die ich gemalt habe, waren in nächster Nähe anzutreffen. Mein Nachbar hat einen stattlichen alten Pflaumenbaum, der eine überreiche Ernte erbrachte. Sie war wirklich so gewaltig, daß es viel mehr Pflaumen gab, als verwendet oder verschenkt werden konnten. So verdarben eine Menge am Baum und zogen zahlreiche Admirale und Wespen an, die sich im Herbst gern an fauligen Früchten gütlich tun.

Der Aurorafalter war nun wieder nicht in meinem Garten, obwohl man sie ab Mai in Hülle und Fülle hier in der Gegend sehen kann. Die rote Lichtnelke ist eine typische Blume für Dorset. Man kann sie hier überall an grasbewachsenen Hängen und zwischen den Hecken finden. Auf die bestürzende Farbkombination der roten Blume mit dem orangegefleckten Aurorafalter wäre ich wohl nie von selbst gekommen. Darauf mußte mich erst die Natur bringen. Obgleich ich glücklicherweise sagen kann, daß wohl die wichtigsten Schmetterlingsarten in meinem Garten vertreten sind, ist doch ganz deutlich festzustellen, wie sehr sie gegenüber früheren Zeiten sich verringert haben. Selbst die Kohlweißlinge, die immer in Scharen den Kohl umflatterten, kann man jetzt eher einzeln oder zu zweit sehen. Es ist keine Übertreibung, zu behaupten, daß alle Schmetterlingsarten in England ernsthaft bedroht sind. Schmetterlinge sind noch weitaus anfälliger als Vögel. Sie sind sehr wählerisch und brauchen bestimmte Pflanzen für ihre Ernährung. So ist ihr Lebensraum nur allzuleicht zerstört.

Die Sammler dürften am ehesten in der Lage sein, das Aussterben verschiedener Schmetterlingsarten festzustellen. Ich glaube nicht, daß ihre Aktivitäten bedeutende Auswirkungen auf den Bestand der Schmetterlinge in England gehabt haben, höchstens im Falle von einem oder zwei seltenen Exemplaren wie vielleicht dem Großen Feuerfalter

im 19. Jahrhundert, eine Art, die in erster Linie ausgerottet wurde durch das Trockenlegen der Niederungen, die sein Lebensraum waren. Jeder, der seit dem Krieg Schmetterlinge gesammelt hat, kann bestätigen, daß unendlich viele Lebensräume in der Natur in den vergangenen Jahren zerstört worden sind.

Das letzte Opfer war der Große Fleckenbläuling, obgleich der Schachbrett-Schmetterling in England jetzt auch dem Untergang geweiht zu sein scheint, selbst wenn er in Schottland überleben sollte. Der Große Fleckenbläuling hat sich in England stets fortgepflanzt, wenngleich auch er im Laufe der Jahre immer seltener geworden ist. Viel hat sich in seinem Lebensraum geändert. Er verweilt gern auf den Blüten des wilden Thymians. Die Raupen überwintern bei den Ameisen, in deren Haufen die Puppen zu finden sind. Bei einer derart komplizierten Entwicklung gibt es natürlich weniger Überlebenschancen als bei etwas einfacheren Gewohnheiten. Robert Goodden, der versuchte, die Arten in England zu retten, indem er sie unter künstlichen Bedingungen züchtete, hofft immer noch auf Erfolg und setzt seine Bemühungen fort. Im Jahre 1979 pflanzten sich die wenigen Großen Fleckenbläulinge, die noch in der freien Natur übriggeblieben waren, nicht mehr fort, und die Art wird jetzt wohl in England aussterben, obwohl es sie auf dem Kontinent noch gibt.

Der Schmetterling links auf dem Bild mit dem Großen Fleckenbläuling ist ein Hauhechelbläuling, eine Art, die es bei uns vor allem auf den Kreide-Downs gibt. Ich liebe ihn wegen der wunderbaren silbrig-blauen Farbe auf der Oberseite des Flügels beim Männchen. Welch ein wunderschöner Anblick, wenn er auf einer Glockenblume sitzt! Der Hauhechelbläuling ist auch deshalb so faszinierend, weil er der variabelste von allen Schmetterlingen in England ist. Sammler sind nicht müde geworden, nach immer neuen Abweichungen zu suchen. Man findet den Falter, wenn man an einem trüben Tag über die Downs geht und auf die Schmetterlinge achtet, die sich auf den Grashalmen ausruhen. Es ist kein Problem, so nahe an sie heranzugehen, daß man sie genau studieren kann.

Ich habe noch nie einen Großen Fleckenbläuling lebend gesehen. Mein Bild ist nach einem Exemplar aus dem Schaukasten gemalt. Es zeigt den Schmetterling aber so, wie ich ihn gern gesehen hätte – wozu ich wahrscheinlich nie mehr die Gelegenheit haben werde, jedenfalls nicht in England. Es ist mein Gedenkbild für eine ausgestorbene Art.

Waldgebiete

Die Wälder hier in der Umgebung bestehen überwiegend aus Buchen. Früher war das ganze Gebiet ein riesiger Buchenwald, wofür noch viele Anzeichen sprechen, besonders der ausgedehnte Wald von Ashridge. Auf diesem Grundbesitz gibt es vor allem kräftige Buchen, dazwischen aber auch vereinzelt andere Bäume und – wie könnte es anders sein! – einige Schonungen mit Nadelbäumen. Wie in den meisten Waldgebieten in England sind die Bäume zum Teil uralt und haben keine lange Lebensdauer mehr zu erwarten. Trotzdem haben hier noch genügend Buchen ein langes Leben vor sich, um sicherzustellen, daß der Wald noch viele Jahre bestehenbleibt. Während dieser Zeit müssen wir dafür sorgen, daß in genügendem Umfang überall aufgeforstet wird. Der National Trust arbeitet gerade einen guten Aufforstungsplan aus, aber ich, als ein Fanatiker auf diesem Gebiet, bin der Meinung, daß gar nicht genug Bäume nutzbringend angepflanzt werden können. Im Augenblick bin ich jedoch recht hoffnungsvoll, was die Bäume hier in Hertfordshire angeht.

Es gibt jedoch eine Art der Neupflanzung, die mich entsetzt: Das ist das Abholzen unserer gemischten Wälder und ihr Ersatz durch Fichten und Weihnachtsbäume, die als Lebensraum für die Tiere vollkommen nutzlos sind. Solange die Bäume klein sind, können zwar noch massenhaft Pflanzen zwischen ihnen wachsen, wie wilde Brombeersträucher und Weidenröschen. Sobald die Bäume aber größer werden, nehmen sie dem Unterholz unerbittlich das Licht weg und vernichten auf diese Weise die Sträucher. Die Folge davon ist eine weitere ernsthafte Bedrohung der natürlichen Lebensräume. Heutige Förster werden wahrscheinlich den Kern des Waldes abholzen, einen ansehnlichen Bestand an Laubbäumen ringsum stehen lassen und die Weihnachtsbäume in der Mitte anpflanzen. Auf dem Gebiet der Staatlichen Forstverwaltung aber sieht man wahrscheinlich nichts als Bäume.

Die älteren Waldgebiete haben darunter gelitten, daß sie gerodet und rationalisiert wurden. So wurden Schneisen geschlagen und Maschinen eingesetzt, um die Brombeersträucher herauszureißen. Der New Forest, der immer so wichtig war für die Erhaltung gefährdeter Schmetterlingsarten, wird wegen des intensiven Aussäuberns immer nutzloser. Der umgekehrte Prozeß spielte sich während des Krieges ab: Wie gut ging es da den Schmetterlingen, weil Wälder und Hecken sich selbst überlassen blieben!

Wälder wie die von Ashridge bieten unseren größeren Säugetieren Unterschlupf. Dort gibt es Dachse, Füchse und Hirsche. Der Fuchs auf meiner Zeichnung liegt wohlig und entspannt da und ist dennoch ganz wachsam. Füchse haben die außerordentliche Fähigkeit, jederzeit ein Schläfchen zu halten und dabei gleichzeitig ein Auge geöffnet zu lassen, um dessen gewärtig zu sein, was rings um sie geschieht. Es behagt ihnen, sich tagsüber auf diese Weise zu sonnen. So finde ich sie zuweilen in meinem Obstgarten. Da liegen sie wohlig im hohen, trockenen Gras oder verstecken sich auf einem sonnigen Fleckchen unter der Hecke. Dachse sind nun wieder eher Nachttiere. Deshalb habe ich sie dargestellt, wie sie in der Abenddämmerung zur Futtersuche aus ihrem Bau herauskommen, aus einem der vielen alten Dachsbauten, die es in den nahegelegenen Wäldern gibt. Die Tiere hielten sich vermutlich schon länger auf meinem Grundstück auf, bevor mir ihre Anstrengungen, in meinen Kaninchenstall einzudringen, ihre Gegenwart verrieten.

Die beiden Hochwildarten, die hier bei uns vertreten sind, wurden eingeführt, allerdings zu verschiedenen Zeiten. Da es in diesem Teil von Hertfordshire keine Rehe zu geben scheint, zählen die Muntjaks hier zu unserem kleinen Hochwild. Sie sind wohl vor noch nicht allzulanger Zeit irgendwo aus der Gefangenschaft entwischt und haben sich dann hier in den Wäldern niedergelassen. Obgleich sie eigentlich Fremdlinge sind, habe ich nichts gegen ihre Gegenwart einzuwenden. Es sind anziehende Geschöpfe, etwa von der Größe eines großen Hundes, und sie richten nicht so viel Schaden an, daß es wert wäre, sich darüber aufzuregen. Ich wäre froh, wenn wir noch mehr Muntjaks hätten, haben wir doch bereits so wenige Tiere in der freien Natur, daß sie nur eine Bereicherung sein können.

Malen möchte ich jedoch das Damwild, weil es so sehr ein Teil der Landschaft hier ist. Es wurde ursprünglich für die Jagd gehalten, und Hunderte von Jahren hindurch lebten hier große Rudel, sowohl auf den Besitzungen von Ashridge als auch auf denen von Halsen. Diese Tradition ist bis ins 15. Jahrhundert zurückzuverfolgen, und bis kurz nach dem ersten Weltkrieg wurde die Jagd zum Zeitvertreib abgehalten. Wir haben hier ein Gebiet mit großen Landsitzen. Auf der ganzen Strecke von hier bis nach Chiltern grenzt einer an den nächsten. Aus den Wäldern kommen die Rudel des Damwilds auch bis hinaus auf die Felder. Auf meiner Zeichnung putzt sich der Hirsch gerade, während im Hintergrund die Umrisse von zwei Hindinnen zu sehen sind, die eben davonsetzen.

Auch auf meinem großen Bild, das den Wald von Ashridge im Mai zur Zeit der Hasenglöckchenblüte zeigt, habe ich ein paar Rehe angedeutet. Ich habe versucht, die frische, perlige Atmosphäre zu vermitteln, die der Wald am frühen Morgen hat. Die Rehe haben mich soeben bemerkt und sind im Begriff, wegzuspringen. Einen Augenblick noch, und sie werden verschwunden sein ... Ich wollte zum Ausdruck bringen, daß es gar nicht so selbstverständlich ist, wilde Tiere in der Natur zu sehen. Es ist vielmehr ein großes Glück, wenn sie plötzlich auftauchen. Man muß die Rehe auf dem Bild so betrachten, als befände man sich gerade wirklich im Wald und sähe sie.

Die auffallendsten Vögel in unseren Wäldern – und wenn auch nur wegen ihres Gekrächzes – sind die Krähen. Dennoch ist auch ihre Anzahl beträchtlich zurückgegangen, einmal, weil viele Bäume gefällt wurden, in denen sie ihre Nistplätze hatten, dann aber auch wegen der veränderten Nutznießung des Landes im allgemeinen. Ich kann keine Berechtigung darin sehen, daß Krähen noch immer abgeschossen werden. Soweit ich es beurteilen kann, sind sie vollkommen harmlos, wenn sie auch im Frühjahr an die Saat gehen. Vermutlich ist es das, was die Bauern so verärgert. Mein Krähenbild ist im März gemalt worden, als die Bäume noch kahl und die Krähen deshalb sehr deutlich auf den Baumwipfeln zu sehen waren. Im Februar und März fangen sie wieder an, sich für den Nestbau zu interessieren. Es ist eine Zeit, in der sie sehr beschäftigt sind und viel Lärm machen. Am frühen Abend ist ihr Gekrächze besonders aufgeregt. Dann sitzen sie oben in den Zweigen und heben sich deutlich vor dem hellen Abendhimmel ab. Die Vögel kommen von den Krähenhorsten jenseits des Flusses herübergeflogen, um sich auf den Feldern hinter meinem Haus Futter zu holen.

Ein Waldvogel, den wir viel häufiger hören, als daß wir ihn sehen, ist der Kuckuck. Jeder auf dem Lande liebt seinen Ruf, der einer der lieblichsten Laute des Frühlings und frühen Sommers ist und viele Erinnerungen erweckt. Weil unser Gebiet ziemlich dicht bewaldet ist, haben wir immer noch eine ganze Menge dieser Vögel, aber auch nicht mehr annähernd so viele wie früher, als ich noch zur Schule ging. Damals konnte im Mai und Juni ihr Ruf ununterbrochen vernommen werden. Die Haltung des Kuckucks auf meinem Bild ist sehr charakteristisch: Er sitzt leicht nach vorn geneigt und hat dabei den Schwanz nach oben gerichtet. Er hat kurze, stummelartige Beine und einen langen Schwanz, der ständig in Bewegung ist – von einer Seite auf die andere oder von oben nach unten.

Manche Vögel muß ich einfach in einer bestimmten Jahreszeit malen, selbst wenn ich sie das ganze Jahr über sehen kann. Dazu gehört auch die Waldschnepfe, die hier in den Wäldern brütet, wo sie auch immer ziemlich häufig anzutreffen ist. Wenn ich draußen spazierengehe, kann ich eigentlich immer vier oder fünf von ihnen sehen. Mich bezaubern vor allem ihre Farben, die von hellem Beige bis Dunkelbraun reichen, so daß sich in mir der Wunsch regt, sie zwischen den Brauntönen des herbstlichen Waldes zu porträtieren.

Nun ist die Waldschnepfe für mich ein sehr persönliches Herbstsymbol. Natürlich bieten die Wälder noch viele alltägliche, aber deshalb nicht weniger beziehungsreiche herbstliche Bilder. So gehören große Blätterpilze zu meinen Lieblingen, einmal wegen ihrer Farben, dann aber auch, weil sie so viele Erinnerungen an Märchen wachrufen. Die roten Fliegenpilze mit ihren weißen Tupfen sind in bezug auf ihren Standort nicht so wählerisch wie viele andere Pilze. Man kann sie sowohl in Eichen- als auch in Buchenwäldern finden. Aus irgendeinem Grund aber fühlen sich die Spaziergänger offenbar gereizt, sie mit dem Fuß umzustoßen und aufzubrechen. Es ist, als ob diese Pilze Schrecken einjagten, vielleicht, weil sie giftig sind oder weil sie ein bißchen boshaft aussehen oder gar, weil sie mit geheimnisvollen Zauberkräften und dem Übernatürlichen in Zusammenhang gebracht werden.

Teiche und Flüsse

Weder in Hertfordshire noch in Dorset findet man viele offene Gewässer. Es ist kein Gebiet mit großen Seen oder majestätischen Flüssen, wenn man auch einräumen muß, daß Dorset am Meer liegt. Der Mangel an größeren Gewässern macht unsere Teiche und Flüsse um so kostbarer. Die kleine steinerne Brücke, die ich gemalt habe, befindet sich in Dorset. Sie führt zu einem Bauernhof und ist gerade breit genug, daß man hinübergehen kann. Der Bach, der unter ihr dahinsprudelt, mündet in der Nähe eines Dorfes in ein Flüßchen. Ich bin oft über die kleine Brücke gegangen, und mir kommt es jetzt so vor, als ob sie allmählich verfällt. Dennoch hat sie schon sehr lange Zeit gehalten und wird wohl einst allein für das Bauernhaus gebaut worden sein. Im westlichen Teil von Hertfordshire gibt es wenig kalkhaltige Flüsse. Einer davon fließt an meinem Haus vorbei. Er entspringt nicht weit entfernt, direkt hinter dem Dorf, und zieht durch die Wiesengründe. Das Wasser ist hell und klar, keine alten Blechbüchsen oder Bettgestelle liegen darin herum. Wenn es nicht so sauber wäre, gediehen seine Forellen sicher nicht so gut, wie sie es tun.

Die Fische im Fluß werden von einer Gruppe von etwa fünfundzwanzig naturbegeisterten Leuten hier aus der Gegend ausgesetzt und abgefischt. Es ist uns gelungen, das Flüßchen ländlich zu erhalten mit seinen Schilfgründen und Sträuchern, deren Zweige sich im Wasser baden. Den meisten von uns gefiele es bestimmt nicht, wenn die Böschungen gerade und gepflegt wären. Ich kenne einige Flußufer, die für Angler gerichtet wurden: Da waren die Wiesen gemäht und in regelmäßigen Abständen Bänke aufgestellt. An unserem Gade muß man sich seinen Weg zum Wasser durch Brennesseln, Disteln und Schilf bahnen – und so ist es richtig! Wir wollen das auch so belassen, denn obgleich wir auch angeln, ist es unser Hauptanliegen, den Fluß und seine Umgebung in aller Ursprünglichkeit zu erhalten. Wenn wir alles abholzten und am Ufer gepflegten Rasen anlegten, gäbe es kein Dickicht mehr für all die Tiere, die in der Nähe des Wassers ihren Lebensraum haben. Frösche zum Beispiel brauchen nicht nur Wasser, sondern auch reichlich schattiges und feuchtes Buschwerk. Das finden sie in dem Dschungelgebiet rings um mein Haus.

Ich möchte es gern als einen Erfolg unserer Bemühungen ansehen, daß wir vor einigen Jahren eine Rohrdommel am Fluß hatten, die etwa zehn Tage dort blieb. Es halten sich dort auch Eisvögel und Wasserrallen auf, die ja bekanntlich sehr scheu sind und sich gern zwischen den Pflanzen verstecken wie die eine, die ich gemalt habe.

Das Bild der Schnepfe war das erste, das speziell für dieses Buch entstand. Während der Wintermonate leben zahlreiche Schnepfen unten am Fluß. Einige bleiben das ganze Jahr über hier und brüten in der Nähe. Sie holen sich ihr Futter in den Schilfgründen dicht am Wasser, wo sie mit ihren langen Schnäbeln im Sand herumstochern. Auf jedem schlammigen Plätzchen am Ufer kann man eine Schnepfe vermuten. Im Winter halten sie sich auch draußen auf den nassen Wiesen auf, vor allem da, wo Wasserlachen stehen, wie man es häufig in den sumpfigen Tälern antrifft, die der Gade durchfließt. Obgleich sie ziemlich weitverbreitet sind, haben Schnepfen doch ein schreckhaftes Wesen, und es ist schwierig, nahe an sie heranzukommen. Um die Skizzen für mein Bild zu machen, setzte ich mich einfach ruhig ans Flußufer und wartete, bis eine Schnepfe kam.

Wenn ich am Wasser entlanggehe, entdecke ich fast jedesmal eine Bisamratte. Soweit ich es beurteilen kann, sind sie vollkommen harmlos. Das einzige, was ihnen vorzuhalten wäre, ist, daß sie Löcher in die Uferböschung graben. Sitzt man dort beim Fischen, kann man, wenn sie vorüberschwimmen, ihre pausbäckigen kleinen Gesichter sehen – ein bezaubernder Anblick!

Bisamratten halten sich anscheinend auch in Wiesen auf, selbst in einiger Entfernung vom Wasser. Aber für mich sind es doch Wassergeschöpfe. Als ich einmal vor etwa drei Jahren am Ufer des Gade spazierenging, bemerkte ich plötzlich eine Bisamratte, die in der Gabelung eines Astes direkt über dem Wasser saß und an einem Schilfhalm knabberte.

Ich beobachtete sie ein paar Minuten lang, bis sie sich herabgleiten ließ wie ein Fallschirmspringer, der ein Flugzeug verläßt, und wegschwamm. Das Bild der Bisamratte auf dem Ast blieb mir unauslöschlich im Gedächtnis, bis ich es endlich gemalt hatte.

Wenn auch kalkhaltige Flüsse wie der Gade oft klar und rein geblieben sind, und sei es nur wegen der Angler, so sind Weiher dafür um so gefährdeter. Eine ganze Reihe von Dorfteichen sind uns zwar mit ihren Enten und Wasserlilien erhalten geblieben, aber die kleinen Weiher am Rande der Felder, die für mich so viele Kindheitserinnerungen bargen, sind fast alle verschwunden. Viele wurden aufgefüllt, andere, voller Chemikalien und weggeworfenem Unrat, sind inzwischen längst tot und unfruchtbar. Es ist jetzt ausgesprochen mühsam, noch einen Weiher zu finden, an dem man malen kann, einen Weiher, der so aussieht, wie man es sich erträumt, wo es von Fröschen und Wassermolchen wimmelt, über den Libellen hinschwirren und wo im üppigen Pflanzenwuchs am Ufer vielleicht ein Teichrohrsänger sitzt.

Die einzigen großen, offenen Gewässer in Hertfordshire sind die durch Menschenhand geschaffenen Reservoire und Kiesgruben. Wenn sie längere Zeit bestehen, so daß die Böschungen verwildern und ringsum Bäume und Sträucher wachsen, dann können sie durchaus ein annehmbarer Bestandteil der Landschaft sein. Die Reservoire, die im frühen 19. Jahrhundert in Tring gebaut wurden, um den Grand Union Canal zu speisen, sind ein so guter Brutplatz für Vögel geworden, daß sie inzwischen zu einem staatlichen Naturschutzgebiet erklärt wurden und einen beliebten Ausflugsort für Ornithologen abgeben. In Tring wurde im Jahre 1938 zum ersten Mal in England ein brütender Flußregenpfeifer entdeckt.

Mein großes Bild zeigt Tring an einem windigen Tag im März. Rings am Ufer stehen noch die braunen Schilfhalme des vergangenen Jahres. Im Vordergrund schwimmen ein paar Tafelenten. Etwas weiter weg halten sich größere Gruppen von Enten auf, die mit dem bloßen Auge jedoch nicht zu unterscheiden sind. Am jenseitigen Ufer fliegen eben einige Möwen empor. In der Ferne lassen sich die Umrisse der Hügel von Chiltern erkennen.

Eulen

Eulen gehören zu den Vögeln, die ich am liebsten male. Jede der drei Arten, die man hier antreffen kann, hat gewissermaßen ihr eigenes Wesen und übt auf mich einen anderen Reiz aus. Leider ist es jetzt so etwas wie ein großes Ereignis, eine Schleiereule in Hertfordshire zu sehen, und es existieren auch im übrigen Land nur noch ganz wenige. Einerseits hat die Schleiereule gelitten wie viele andere Raubvögel, doch kommt noch etwas anderes hinzu. Ich bin nicht der erste, der einen Umstand feststellt, welcher sich besonders gegen sie richtete: Die modernen Bauernhäuser sind nicht mehr dazu geschaffen, sie mit Futter zu versorgen. Alte Scheunen hatten oft im Giebel einen Zugang und eine Plattform, auf der die Schleiereule brüten konnte. Die Bauern hatten sie gern dort, weil sie die Mäuse vertilgte. Heutzutage gibt es verschiedene andere Methoden, um die Mäuse loszuwerden, und wir sehen kaum noch Schleiereulen. Der Waldkauz, der ein Waldvogel ist, scheint nicht so ernstlich gelitten zu haben.

Obgleich die meisten Schleiereulen in Gebäuden nisten, auch in Kirchtürmen, können sie doch auch in Bäumen hausen. So kenne ich einen besonders alten Eichbaum, der an einem verborgenen Plätzchen in Dorset steht. Man kann zu ihm durch hohes Farnkraut gelangen und von dort aus die Vögel durch einen Feldstecher gut beobachten. Der Eingang zu ihrem Wohnloch befindet sich in der Vernarbung eines abgebrochenen Astes. Vor dem Baumloch liegen Federn umher und natürlich das Gewölle aus den unverdaulichen Teilen ihrer Beutenahrung. Die Eiche wirkt wie ein richtiger Märchenbaum und ist als Behausung für eine Schleiereule so geeignet, daß ich, wenn ich nur diese Federn herumliegen sehe, schon genauso aufgeregt bin, wie wenn ich eine Eule vor mir habe. Aus diesem Grunde habe ich die Schleiereule auch nicht in das Bild gesetzt, das eine etwas nostalgische Stimmung, verstärkt durch die faden, fast einfarbigen Töne, zeigen soll. Die Schleiereulen, die ich porträtiert habe, sind in Dorset ansässig. Wenn ich hinausgehe, um Dachse zu beobachten, kann ich zuweilen Schleiereulen sehen, die in der Dämmerung über ihrem Territorium kreisen oder vielleicht gerade von ihrem Nistbaum in das Tal herabschweben.

Die Schleiereule auf meinem Bild sitzt in der frühen Dämmerung auf einem Gattertor. Hier wurden verschiedene Elemente zusammengetragen, um sie so darzustellen, wie ich sie zwar nicht gesehen habe, aber sehr gern sehen würde! Die Schleiereule auf der Zeichnung wurde tagsüber beobachtet. Sie schläft gerade in der dunklen Ecke einer Scheune.

Der Waldkauz ist von allen Eulen am weitesten bei uns verbreitet. Wer tagsüber einen Waldkauz aufspüren will, für den ist es am sichersten, nach dem größten Stechpalmenstrauch des Waldes Ausschau zu halten. Späht man dann durch das dunkelgrüne Blätterwerk innen empor, kann man ihn zuweilen sehen, wie er dicht am Hauptstamm auf einem Ast kauert. Häufig schaut nur der Kopf heraus, der übrige Körper ist hinter den Blättern versteckt – deshalb diese Darstellung meines Waldkauzes, die den Vogel in Verbindung mit Farben zeigt, welche mir passend erschienen. Grün habe ich ausgelassen; es hätte keine große Wirkung in dem gedämpften Licht im Inneren des Baumes.

Der Steinkauz wurde erst im späten 19. Jahrhundert in England eingeführt. Jetzt hat er sich fast überall angesiedelt und dem Klima gut angepaßt. Anders als die Schleiereule und der Waldkauz kommt er nicht nur in der Dämmerung heraus, sondern ist auch tagsüber zu beobachten, wenn er in den Hecken plündert. Er hat nicht die sanften dunklen Augen der Schleiereule oder des Waldkauzes, sondern ziemlich harte gelbe Augen, ähnlich wie der Sperber.

Felder und Hecken

Das große Bild mit den üppigen nassen Wiesen zeigt die Art von Flußlandschaft, die ich am meisten liebe. Ich habe die Landschaft auf dem Gemälde etwas von der Wirklichkeit abgewandelt, indem ich aus kompositorischen Gründen den Flußlauf leicht änderte und ein schönes Tudorhaus im Hintergrund wegließ, weil ich lieber das Wesentliche dieser Gegend zeigen wollte als ein erkennbares Stückchen Land von Hertfordshire. Als Junge fand ich die Wiesen, in denen das Wasser steht und die Stiefel bei jedem Schritt quatschen, so unwiderstehlich, daß meine Ausflüge meist mit durchnäßten Füßen oder gar mit einem Fall ins Wasser endeten. Heute weiß ich, daß diese Feuchtgebiete zahlreichen Tieren Lebensraum bieten. Hier kann man im Winter Schnepfen entdecken, hier halten sich Bisamratten, Wasserspitzmäuse und Vögel wie Teichhühner, Wasserrallen und Reiher auf. In dem Flüßchen, das ich gemalt habe, leben sicher Forellen.

Es ist ein überaus anziehender Platz, wie er so vor mir liegt. Obwohl ich kein Fachmann für Viehzucht bin, meine ich doch, daß diese üppigen Wiesen mit ihrer Vielfalt wilder Blumen ideal für Milchvieh sind. Welche Vorzüge die Bewirtschaftung der Feuchtgebiete auch immer bringen würde, so ist doch ebenso zu bedenken, wie wichtig sie für die Erhaltung des Lebens in der Natur sind. Jedes noch weitgehend ungestörte und unbearbeitete Fleckchen Land hat eigentlich ein Recht darauf, ein Schutzgebiet zu sein. Werden die Feuchtgebiete entwässert, so mag das zwar die Produktion steigern, aber das wird wiederum nur möglich sein auf Kosten unzähliger Lebensräume.

Dieselben Überlegungen sollten auch für jedes Wiesenland angestellt werden, ob es nun direkt abgeweidet wird, wie die Downs, oder abgemäht, um Heu zu ernten. Über einen Zeitraum von mehreren Jahren hin entwickelt jede Wiesenart ihre eigenen charakteristischen Pflanzen vom Wiesenschaumkraut und den Sumpfdotterblumen der Feuchtgebiete bis zum Thymian und den Orchideen der Kalk-Downs. In Dorset gibt es noch Wiesen, die mit Schlüsselblumen so übersät sind wie ein Rasen mit Gänseblümchen. Da die Schlüsselblumen besonders auf alten Wiesen gedeihen, haben sie im Bestand sehr abgenommen, als die Wiesen umgepflügt oder in regelrechte Grasfabriken umgewandelt wurden. Erst jetzt, da die gelben Büschel von Schlüsselblumen in England ein so seltener, ja geradezu aufregender Anblick geworden sind, ist ihr Verschwinden den Menschen bewußt. So wurden sie zu einer Art Symbol für die bedrohte Natur.

Auch das Ackerland hatte, wie die Wiesen, einst seine ganz speziellen Wildblumen wie Klatschmohn und andere, deren Namen schon zeigen, wie sie mit ihrem Lebensraum verbunden sind – Kornblumen, Kornraden, aber auch Margueriten. Da sie in einem solchen Umfang ausgerottet wurden, könnte man fast glauben, daß ihre Existenz einer gewinnsüchtigen Gesellschaft im Wege ist. Für mein Bild fand ich ein ganzes Mohnblumenfeld auf einem Stück Ackerland, das wohl zu klein war, um von großem Nutzen zu sein. Offenbar kann Mohnsamen ungefährdet von bestimmten Unkrautvernichtungsmitteln in der Erde ruhen, so daß er aufgeht, wenn die Umstände wieder entsprechend günstig sind. In der Nähe dieses Mohnblumenfeldes, in einer abgelegenen Gegend von Ashridge, blühen im Frühling noch zahlreiche Primeln und Veilchen. Es ist ein seltsamer Gedanke, daß ein Spaziergänger heute gegen das Gesetz verstößt, wenn er geschützte Blumen wie Primeln pflückt, während der Besitzer des Grundstückes vollkommen im Recht wäre, wenn er sie durch Unkrautvernichtungsmittel auslöschte.

Die Felder sind heutzutage viermal so groß wie zu meiner Jugendzeit. In meiner unmittelbaren Umgebung wurden von den Gütern die relativ kleinen Anbaugebiete mit ihren Hecken und Waldflächen beibehalten, aber im allgemeinen sind die Felder in Hertfordshire immer größer geworden, wie in den meisten Gegenden von Südengland. Dieser Wandel hat sich durch das Ausreißen der Hecken ergeben. Wenn dieser Prozeß erst einmal im Gange ist, dann beschränkt er sich aber seltsamerweise nicht nur auf die Hecken, die zwischen den Feldern verlaufen, sondern auch auf solche, die Bauernhöfe umsäumen oder an Feldwegen und Straßen entlang stehen, während andere den Straßenerweiterungen zum Opfer fallen. Ich kann verstehen, daß sie aus wirtschaftlichen Gründen auf dem Ackerland ausgerissen werden, um eine möglichst große Arbeitsfläche zu haben, aber ich kann nicht einsehen, warum Landbesitzer neben den Wiesen die Hecken niedermachen müssen, um sie dann durch Stacheldrahtzäune zu ersetzen.

Die Hecken, die schließlich noch übrigbleiben, werden oft brutal behandelt. Es gibt jetzt ein Schneidegerät, das die Hecken stutzen soll, sie aber in Wirklichkeit geradezu zerschlägt. Das Gerät wird auf große Zweige angesetzt, die überhängen, reißt sie dann aber eher ab, als daß es sägt, wobei zuweilen große Rindenstücke bis zum Stamm hinunter abgelöst werden. Das ist reiner Wandalismus. Vor einigen Jahren wäre noch jeder Arbeiter, der von seinem Arbeitgeber beauftragt worden wäre, die Hecke zu schneiden, und sie dann so behandelt hätte, entlassen worden.

Ich sprach kürzlich in einem Naturschutzgebiet mit einem Aufseher, der mit seinen Freunden sehr viele Stunden damit zugebracht hatte, sorgfältig eine Hecke anzulegen. Das angrenzende Land war an einen Bauern verpachtet worden, der an der liebevoll gesetzten Hecke mit einer Heckenschneidemaschine entlangging und dabei manchmal mehr als einen Meter in sie hineinschnitt. Als der Aufseher sich beklagte, gab der Bauer zurück, daß er geglaubt habe, ihm einen Gefallen zu tun. Der Aufseher war so außer sich, daß er die Sache vor Gericht bringen wollte.

Man soll das Alter einer Hecke abschätzen können an der Vielfalt der Pflanzen, die sie enthält. Die üppigsten haben sicher mehrere zwanzig, ja hundert Jahre gebraucht, um heranzuwachsen. Eine Hecke, die mit einem Schneidegerät barbarisch behandelt wird, erholt sich jahrelang nicht von diesem Eingriff; eine Hecke, die niedergemacht worden ist, wird sogar ein ganzes Lebensalter benötigen, um wieder nachzuwachsen, selbst wenn man sie neu pflanzte. Etwas, das ein Jahrhundert gebraucht hat, um sich zu entwickeln, kann mit modernen Geräten in wenigen Tagen zerstört werden – ein eindringliches Beispiel für die Verletzbarkeit unserer Natur!

Dabei sind es gerade die Hecken, die das Landschaftsbild von Südengland prägen. In ihnen gedeihen viele der charakteristischen Pflanzen, und sie bieten zahlreichen Säugern, Vögeln und Insekten Unterschlupf. Keine kultivierte, gezüchtete Rose kann mir auch nur annäherend die wilden Rosen der Hecken ersetzen, die mich immer an die Blumenhüte alter Damen erinnern. In der Tat, je ähnlicher Gartenrosen den wilden Rosen sind, desto lieber sind sie mir. Die alte Haselstrauchhecke in meinem Garten versorgt meine Familie mit mehr Nüssen, als wir brauchen können, und lockt Eichhörnchen und Buntspechte an. Wie schön ist es, einen Specht zu beobachten, wenn er eine Nuß nimmt, sie in einem Spalt im Baum festklemmt und dann darauf herumhackt!

Die Landschaft mit den Hecken, Sträuchern und kleinen Waldgebieten hat den Angriff der modernen Landwirtschaft am besten auf den großen Grundbesitzen überstanden. Wenn das Land irgendeiner entfernt wohnenden Besitzergemeinschaft gehört, gibt es wenig Möglichkeit, es zu schützen, aber wenn ein hiesiger Grundbesitzer noch auf seinem Gut lebt, ist es leicht möglich, daß er auch noch andere Interessen hat als nur den finanziellen Gewinn. So kann man sagen, daß der Jagdsport dem Landschaftsschutz eigentlich gedient hat. Was der Landbesitzer auch immer jagt oder schießt, es braucht den Schutz der Wälder und Hecken, wenn es im Revier erhalten bleiben soll. Da eine Landschaft, die keinerlei Deckung bietet, der denkbar schlechteste Platz für Wild wäre, überwiegt leicht das Interesse, das Land so zu lassen, wie es ist, gegenüber dem rein gewinnsüchtigen Motiv der Rationalisierung.

So bleibt in einem Jagdrevier die natürliche Landschaft erhalten. Die Gefahr dabei ist nur, daß allein die Umgebung und das Wild geschützt werden. Die Schlüsselfigur hierbei ist der Wildhüter. Er erliegt leicht der Versuchung, sich der natürlichen Räuber zu entledigen, für die das Kleinwild zur täglichen Nahrung gehört. Ich glaube zwar, daß Wildhüter in dieser Hinsicht heute viel vernünftiger sind, als sie es vielleicht noch vor zwanzig Jahren waren. Aber jetzt, da die Raubvögel so abgenommen haben, müßte jeder Wildhüter, der einen Raubvogel schießt, eigentlich bestraft werden. Ich wünschte wirklich, daß die Unsitte, Raubzeug zu schießen – wozu auch all das gehört, was auf Jagdvögel Beute macht, von Hermelinen und Wieseln bis hin zu Krähen – mit der Zeit ausstirbt.

Dennoch dürfen wir nicht behaupten, daß die Wildhüter das Leben in der Natur zerstört haben – weitaus größere Kräfte sind am Werk gewesen.

Die Arbeit eines Wildhüters besteht zum großen Teil darin, das Revier mit Wild zu versorgen. Wenn natürliche Räuber sich etwas davon nehmen, sollten sie deshalb nicht mit dem Gewehr verfolgt werden. Man sollte sich zum Trost vielmehr sagen, daß eben auch zu ihrem Lebensunterhalt beigetragen wurde. Werden Forellen in einem Fluß ausgesetzt, muß damit gerechnet werden, daß die Reiher sich welche rauben. Wenn ein Angler zum Fluß hinuntergeht, um seine Angel auszuwerfen, und einen Reiher entdeckt, der gerade in der Morgendämmerung davonschwebt, dann sollte er ihm mit dem Hut zuwinken und rufen: »Viel Glück dir! Du warst vor mir da.« Nichts als Habgier in dieser Hinsicht zu zeigen ist ebenso falsch wie das Ausreißen von Hecken. In der Bewirtschaftung unserer Landschaft sollten wir uns in Einigkeit mit der Natur fühlen und aufhören, uns ständig für etwas Besseres zu halten. Ist der Mensch nicht der größte Räuber, den die Welt je gekannt hat?

Der unerfreulichste Aspekt vom Menschen als Räuber sind nicht seine Jagdaktivitäten, sondern was er überhaupt bereit ist zu tun, um an sein Fleisch zu kommen: Ich denke dabei an die Schrecken der fabrikmäßigen Landwirtschaft und an die Kälber, Schweine und Hühner, die ihr Leben lang niemals das Tageslicht sehen. Das furchtbare Gegenstück zur Ausbeutung des Landes für eine intensive Getreideproduktion ist das Einschließen der Tiere in Gebäude mit der Absicht, auch hier einen möglichst hohen Ertrag bei einem Minimum an Anstrengung zu erzielen. Im traditionellen Muster der gemischten Landwirtschaft gingen Tierhaltung und Getreidezucht Hand in Hand, so daß das eine zum anderen beisteuerte. Auf diese Weise war die Landwirtschaft von einer harmonischen Einheit, die jedoch mehr und mehr durch den Einsatz technischer Mittel geschwächt wurde, weil dem Land auch noch das letzte bißchen an Erzeugnissen abgerungen werden sollte.

Kein Wunder also, daß ich solche Freude empfinde, wenn ich Hoftiere in ihrer natürlichen Umgebung sehe: Wiederkäuende Milchkühe in den saftigen Wiesen, Schafe, die auf die winddurchwehte Weite der südlichen Downs hingetupft sind. Ich möchte dieses Kapitel abschließen mit Bildern von Schweinen, weil sie heute fast ausschließlich in Schweineställen gezüchtet und gehalten werden. Dabei ist es so amüsant, sie draußen auf der Weide zu sehen, wo sie hingehören. Es gibt nichts Besonderes an ihnen; es sind einfach frei laufende Schweine hier aus der Gegend. Die auf dem großen Bild freuen sich, daß sie in der schlammigen Ecke eines herbstlichen Feldes herumpatschen dürfen. Sie wühlen nach Futter und fressen die Eicheln, die von den Eichbäumen in den Hecken auf den Boden gefallen sind. Als ich sie so beobachtete, hob das eine im Vordergrund seinen Kopf und blickte zu mir herüber, wobei sein Ohr schwungvoll nach oben schlappte. Jeder, der Schweine für dicke, träge Geschöpfe hält, wird mit Recht überrascht sein, wie aktiv und lebhaft sie sein können, wenn sie frei umherlaufen dürfen. Die Schweinchen, die gerade aus einer Scheune herausstürzen, veranstalteten dabei ein fürchterliches Gequiekse. Sie zeigen ihre Freude darüber, daß sie hinaus dürfen. So müssen Schweine sein!

Wagen, Tore und Scheunen

Da ich von Berufs wegen eigentlich ein Kunsthandwerker bin und immer mit Handwerkern zusammengearbeitet habe, übt alles, was aus natürlichem Material und mit der Hand hergestellt ist, auf mich eine Faszination aus. Ich kann an kein besseres Beispiel denken als an die Arbeit eines Stellmachers, der es fertigbringt, ein betriebsfähiges Fahrzeug zu bauen, das gleichzeitig auch noch von großer Schönheit ist. Der Wagen, den ich zu meiner Freude hier in der Gegend entdeckt habe, ist genau so, wie ich schon immer einen haben wollte. Er ist aus Oxfordshire (oder Woodstock) und wurde tatsächlich von Cannon & Son of Quainton im Jahre 1907 in Buckinghamshire gebaut. Es ist ein ziemlich großes Gefährt – ein richtiger Erntewagen – mit einer etwas übertriebenen, aber eleganten Form, die von feiner Handwerkskunst zeugt. An den Achsenseiten vorn und hinten ist er nach oben geschwungen. Außerdem hat er leiterartige Vorrichtungen, die außen über die Seiten hinausragen, um überhängendes Heu, Getreide oder Rüben aufzuhalten und zu vermeiden, daß Stroh auf die Räder fällt und sie blockiert. Diese Gitter sind zwar aus rein praktischen Gründen angebracht, sind aber wunderschön bemalt und geformt.

Der Wagen ist ziemlich schwer, konnte aber wohl von einem starken Shire-Pferd gezogen werden, obgleich für große Lasten sicher zwei Pferde mit einer Deichsel nötig waren. Wahrscheinlich ist er während der Erntezeit hauptsächlich rings um den Bauernhof eingesetzt worden. Weil er der größte Wagen der Gegend war, wurden wohl auch die Ladungen für die Heuschober mit ihm transportiert. Ich stelle mir vor, daß er zudem für gemeinsame Ausflüge herhalten mußte, wie Fahrten mit der Sonntagsschule: Dann schmückten die Dorfkinder das Fahrzeug und legten dem Pferd Blumengirlanden um die Ohren, bevor sie alle hineinkletterten und aufbrachen.

Heute sind die Räder etwas wackelig, und die Bretter müßten erneuert werden, aber im Grunde ist der Wagen noch tadellos, vor allem in Anbetracht der Tatsache, daß er viele Jahre lang im Freien gestanden hat. Ich werde einige Hilfe brauchen, um ihn wiederherzustellen, obwohl ich ihn gar nicht in seinen ursprünglichen Zustand zurückversetzen möchte. Er ist sogar jetzt immer noch fahrbar – immerhin wird er niemals wieder auf die Felder hinaus müssen.

Es wäre ein Leichtes, einfach Ersatzteile einzufügen, aber das Entfernen des ursprünglichen Materials nähme dem Wagen seinen Zauber. Ich werde das Holz so gut wie mög-

Denham

lich behandeln und mit Harz imprägnieren, um es vor dem Verderb zu schützen. Der Wert des Wagens liegt für mich in der Vorstellung an das, was er einst war: Er wurde gebaut, um eine bestimmte Arbeit zu erfüllen, und das ist es, was meine Phantasie anregt.

Andere von Menschenhand gefertigte Dinge, die ich immer auf dem Lande geliebt habe, sind hölzerne Törchen und Zauntritte, angefangen von Gartentoren mit fünf Querlatten aus Eichenholz wie dasjenige, das in meinen Garten führt, bis hin zu ganz einfachen Zauntritten, für die man jedes Stück Holz verwenden kann, das man gerade zur Hand hat. Diese Dinge sind einfach und ursprünglich; ihr natürliches Material paßt aufs Land wie das für einen Verhau aus Stacheldraht niemals zutreffen kann.

Zauntritte und offene Törchen winken mich irgendwie heran, so daß ich nähertreten, über den Zaun klettern oder durch das Tor gehen möchte, weil ich dahinter vielleicht ungeahnte Herrlichkeiten zu Gesicht bekomme. Besonders, wenn die Sonne scheint und

ich auf der anderen Seite ein Stückchen Feld sehe, taucht vor mir eine Phantasiewelt auf, die es möglicherweise dort drüben gibt. Geht man hindurch, ist dabei sehr behutsam und späht vorsichtig hinter der Hecke hervor, kann man bestimmt oft eine ganze Zeitlang Säugetiere und Vögel beobachten, bevor sie einen bemerken. Auf meiner Zeichnung mit den Turmfalken zeige ich einen, den ich durch den Feldstecher betrachten konnte, ohne daß er auf mich aufmerksam wurde. Er war ganz entspannt, sein Gefieder locker und wie aufgeblasen, so daß er rund und behaglich aussah. Dann geriet er in Alarmstimmung, weil er mich bemerkte. Sogleich legten sich seine Federn an, und sein Körper wurde stromlinienförmig – nur noch wenige Sekunden, und er würde weg sein. Die beiden Zeichnungen zeigen den deutlichen Gegensatz in der Gestalt des Vogels, einmal, bevor er mich sah, und dann, nachdem er mich bemerkt hatte. Meine Lieblingsplätze in der Natur bieten solche Versteckmöglichkeiten, daß man große Chancen hat, ahnungslose Tiere aufzuspüren.

Die kleine Pforte mit dem Rosenbogen habe ich nach einem Törchen bei mir im Garten gemalt. Solche ländlichen Bögen sind typisch für altmodische Bauerngärten und eigentlich schon zu kultiviert, um auf mich dieselbe Wirkung auszuüben wie die Törchen in den Hecken. Letztere sind einladend, weil sie möglicherweise Geheimnisse hinter sich verbergen; sie sind ein Teil dessen, was mich auf dem Lande anzieht. Wagenrillen und Spuren, die hinter einer Kurve verschwinden, sind nicht weniger aufregend. Sie erwecken in mir den Wunsch, die Verfolgung aufzunehmen, um herauszufinden, was es hinter der nächsten Biegung zu sehen gibt. Ich möchte, daß die Wagenspuren auf meinen Bildern, die durch Räder tief in den weichen Boden eingefurcht wurden, im Betrachter etwas von diesen Gefühlen aufkommen lassen.

Die fünflattigen Törchen, die irgendwie zu solchen Spuren dazugehören, sind jetzt vielerorts verfallen. Man ersetzte sie höchstens durch Stahlrohrgebilde, die bestenfalls unscheinbar aussehen. Die vorgefertigten Beton- und Asbestklötze, aus denen heutzutage die Bauernhäuser errichtet werden, können sich aber nicht einmal dieser Tugend rühmen.

Alte Scheunen sind oft von erstaunlicher Schönheit. Aber sie stehen jetzt leider meist unbenutzt da, weil in der Landwirtschaft überwiegend schwere Maschinen eingesetzt werden. Die mittelalterliche Scheune, die ich gemalt habe, ist ein trauriges Mahnmal der

Schwierigkeiten, denen sich der Denkmalschutz heute in England gegenübersieht. Es soll eine der ältesten Scheunen in Südengland sein. Sie ist bogenförmig konstruiert wie ein Schiff, das mit dem Kiel nach oben liegt, und zeigt damit eine der frühesten Holzbauweisen. Diese Scheune von Hertfordshire gehörte zu einer ganzen Gruppe, die alle zusammen einen Scheunenhof bildeten, wie er früher typisch war. Die anderen Scheunen waren auch hübsch, aber nicht annähernd so reizvoll wie diese eine. Dennoch wäre es die ganze Gruppe wohl wert gewesen, erhalten zu bleiben. Daß sie verschwinden konnte, zeugt von der Unzulänglichkeit des Denkmalschutzes. Einige Jahre hindurch habe ich mich dafür eingesetzt, diese letzte Scheune vor dem Zerfall zu bewahren. Sicher hätte sie einige Reparaturen nötig gehabt. Aber zunächst geschah gar nichts auf meine Bemühungen hin, bis ich eines Tages gebeten wurde, mir das Gebäude einmal anzusehen, weil am Gebälk etwas gebrochen sei. Als ich hinkam, stellte ich zu meiner Überraschung fest, daß die Scheune beinahe vollständig zusammengefallen war, nachdem sie Hunderte von Jahren dort gestanden hatte! Meiner Meinung nach hat jeder, der in Besitz von derartigen Gebäu-

den ist, die Pflicht, sich auch darum zu kümmern. Ich kann nicht begreifen, warum jemand einen so alten Besitz unbedingt erwerben möchte, um ihn dann verfallen zu lassen. Doch wenn so etwas möglich ist, scheinen Natur- und Denkmalschutz wenig zu nutzen. In diesem Fall nun weiß ich, daß Zuschüsse für die Reparatur zur Verfügung gestellt wurden und freiwillige Organisationen bereit waren, die Arbeit umsonst zu tun. Zur Zeit (natürlich kann noch viel geschehen bis zur Veröffentlichung dieses Buches) ist die Scheune in einen Stapel numerierter Holzstücke zerlegt worden, so daß sie jederzeit wieder zusammengesetzt werden kann. Es liegen Angebote vor, sie auf einem benachbarten Grundstück im Sinne eines Freilichtmuseums wieder aufzubauen, es ist aber auch möglich, daß sie an der ursprünglichen Stelle errichtet wird. Was auch immer daraus wird, es ist schade, daß die Scheune nicht mehr ihrem ursprünglichen Zweck dienen kann und in ein Museumsstück umgewandelt werden soll.

Die Downs

Die Downs könnten kaum einen größeren Gegensatz bieten zu der durch Hecken und Waldgebiete geschlossenen Landschaft: Hier weht immer ein frischer Wind, und das Auge schweift über das weite hügelige Land bis zum fernen Horizont. Aus den Wiesen steigen Vögel auf und lassen sich vom Wind davontragen. Weil die Downs so frei und offen sind, vermitteln sie ein solches Gefühl der Weite, wie man es nur in Südengland haben kann. Dort wird meine Phantasie beflügelt, ich muß an die Schäfer vergangener Zeiten denken und an jene Tage, als noch weite Gebiete der Downs von Schafen abgeweidet wurden.

Aber auch heute lassen sich noch Schafe in manchen Gegenden finden. Die köstlichste Zeit des Jahres ist für mich die Lammzeit im Frühling. Ich liebe die Downs aber auch im Spätsommer. Da kann es mitunter recht heiß sein, und wenn ich Glück habe, entdecke ich vielleicht zwei meiner liebsten Schmetterlinge: den Himmelblauen Bläuling, der ziemlich selten ist, und den Hauhechelbläuling, den man auch auf den Chiltern-Hügeln, einige Meilen nördlich von meinem Haus finden kann.

Ich gehe nach Dorset, weil ich die Downs so sehen möchte, wie es sie schon seit Jahrhunderten gibt. Dort erstrecken sich die Wiesen bis an den Rand der Klippen und bilden einen Teil des Küstenstriches, der streng unter Naturschutz steht. Diese alte Landschaft trägt noch Spuren von Siedlungen aus keltischer Zeit – im Landesinnern sind auf den Hügeln sogar noch Überreste von Festungen zu finden. Besondere Freude macht mir hier der weiche, federnde Torfteppich. Der Rasen wird seit undenklichen Zeiten von weidenden Schafen und Kaninchen kurz gehalten, so daß er seine eigene Flora und ein eigenes Insektenleben entwickelt hat. Hier blühen der wilde Thymian, auf dem so gern die großen Fleckenbläulinge verweilen, und unzählige andere Wildblumen, wie Glockenblumen, Augentrost und Orchideen.

Diese einzigartige Flora ist mit der Zeit aus weiten Gebieten der Downs in Sussex verschwunden. Große Flächen wurden umgepflügt, um Getreide anzupflanzen. Da Jahrhunderte vergehen mußten, bis sich dieser Rasen gebildet hatte, wird er sich nie mehr erholen können. Die umgepflügten Gebiete der Downs in Sussex sind heute trostlose Ebenen ohne Leben.

Die südlichen Downs in Sussex inspirierten mich zu dem großen Bild mit der Windmühle. Es zeigt eine Gegend, die ich eigentlich gerade erst entdecke. Abgesehen von einem kurzen Aufenthalt dort während des Krieges mit meinen Eltern, war mir diese Gegend noch völlig unbekannt, bis mein Interesse an Schäfern mich wieder dorthin zurückführte. Das Bild ist nicht eine genaue Wiedergabe dieses bestimmten Platzes, an dem eigentlich zwei Windmühlen standen. Es gibt dort inzwischen auch noch mehr Ackerland, als ich zeigen wollte. Ich malte lieber nur Wiesen und Weiden.

Wenn ich mir die Downs von heute vorstelle, muß ich an Lerchen denken und an Schlehen- und Weißdornsträucher, die oft dort wuchsen, wo die Kaninchenbevölkerung

durch die Kaninchenpest dahingerafft wurde und der Rasen durch die Schafe allein weniger abgegrast wurde. Typisch ist der Anblick einer Goldammer, die vom obersten Zweig eines Weißdornstrauches herabsingt und deren Köpfchen gelb im Sonnenlicht glänzt. Die Sträucher auf den Downs von Chiltern bieten kleinen Singvögeln wie Hänflingen und Grasmücken Lebensraum, während viele Blumen, die früher auf den offenen Hügeln blühten, mittlerweile verschwunden sind. Sowohl die Hänflinge als auch die Goldammer habe ich so gemalt, wie man sie hier sehen kann. Der Hänfling ist im späten Frühling mitten zwischen Weißdornblüten dargestellt.

Der Schäfer

Vor vielen Jahren schenkte mir einmal ein befreundeter Antiquitätenhändler einen Schäferstuhl. Es ist ein ziemlich geschlossener hölzerner Armsessel, der dem Schäfer früher Schutz geboten haben mag, wenn er während der Lammzeit die ganze Nacht in seiner Hütte wachen mußte.

Für mich verband sich der Stuhl mit Gabriel Oak und seiner Hütte in Thomas Hardys »Far from the Madding Crowd«. Hardy hat mich schon immer begeistert, und mein Interesse an Schäfern wurde mit den Jahren immer größer, so daß ich schließlich auch nach Hirtenstäben und Schafglocken Ausschau hielt. Ich besitze inzwischen bereits eine umfangreiche Sammlung davon.

Die Schäfer in Südengland hatten ihre traditionelle Ausrüstung und ihre eigene Arbeitsweise, die dem Landleben angepaßt war. Während des zweiten Weltkrieges benutzten sie besonders in der Gegend der südlichen Downs in Sussex immer noch den langhaarigen altenglischen Schäferhund, der sich gut züchten ließ. Er war noch ein besserer Wachhund als viele seiner heutigen Ebenbilder. Jetzt wird die Rasse als Vorführhund gezüchtet, weil die meisten Schäfer, die ihn noch hielten, inzwischen gestorben sind. Der gebräuchliche Hütehund für die Schafe ist heute der Collie.

Neben dem Hund ist der zweitwichtigste Besitz des Schäfers sein Stock, der gewissermaßen ein Kennzeichen seines Amtes ist. Während die Hirtenstäbe aus dem Norden ganz aus Holz waren oder einen Knauf aus Widderhorn hatten, waren die aus dem Süden aus

Eisen und hatten einen hölzernen Schaft. Sie wurden gewöhnlich von einem Hufschmied aus dem Dorf hergestellt, oft nach den persönlichen Angaben des Schäfers. Dennoch wiederholen sich zum Beispiel in Sussex gewisse Formen. Die Eisenstäbe wurden vom Vater auf den Sohn vererbt und überdauerten Generationen.

Für mich sind die alten, traditionsbewußten Schäfer ein Völkchen für sich, weil es nur noch wenige von ihnen gibt und weil ich einfach eine besondere Beziehung zu ihnen habe.

Erstaunlicherweise lebt nur wenige Meilen von meinem Haus entfernt, ein Stückchen die Straße hinauf, ein Schäfer, der noch ganz an alten Traditionen hängt. Er heißt Alan Lungley.

Ich ging einmal an einem Winterabend mit einem Freund spazieren, als ich aus einem Schäferkarren, der mitten auf dem Feld stand, einen Lichtschein sah. Wir gingen auf das Licht zu und fanden Alan, der auf den Stufen seines Wagens saß, mitten zwischen den Schafen, die sich rings um ihn gelagert hatten.

Alan ist ein Schäfer wie aus dem Bilderbuch. Er hält an alten Gebräuchen fest und benutzt gern die alten Geräte. Auch hängt er seinen Schafen noch Glocken um. Es sind sogar recht alte Glocken, wahrscheinlich aus viktorianischer Zeit, die er vom früheren Schäfer des Hofes geerbt hat. Sie sind unten weit offen und verjüngen sich nach oben hin, wie ich es auf meiner Zeichnung wiedergegeben habe. Auf der Oberseite sind Ösen angebracht, durch die der Lederriemen gezogen werden kann – meist Stückchen von alten Pferdegeschirren, die der Schäfer irgendwo gefunden hat. Die kanisterförmige Glocke, die offenbar in Sussex bevorzugt wurde, war an den Seiten gerade. Beide Glockenarten wurden aus Metall hergestellt, zurechtgebogen und vernietet und dann mit Messing überzogen, das sich mit der Zeit abnutzte. Die Lederriemen wurden mit hölzernen oder knöchernen Pflöckchen an einem hölzernen Joch befestigt, das vom Schäfer selbst geschnitzt wurde.

In den zwanziger Jahren schrieb Barclay Wills drei Bücher über die Schäfer in den südlichen Downs. Er beklagt darin ihr Verschwinden und schildert auch, daß die Schafglocken immer seltener werden. Welch ein Glück also, daß ich heute, fünfzig Jahre später, immer noch einen Schäfer kenne, der nach der althergebrachten Weise arbeitet. Ich brauche nur ein Stückchen den Feldweg hinaufzugehen, wenn ich ihn treffen möchte.

Wenn man Schafe hüten will, sollte man abgehärtet sein, ein starkes Pflichtbewußtsein haben und am besten in den Beruf hineingewachsen sein. Alans Vater war auch Schäfer gewesen und ebenso sein Großvater. So waren schon seine Vorfahren überaus tüchtig in diesem Beruf. Ich glaube, daß Alan vor etwa 20 Jahren aus Suffolk wegzog, weil es dort keine Schafe mehr gab. Der Bauernhof, für den er heute arbeitet, hat immer gute Schafe und traditionsbewußte Schäfer gehabt. Alan kam hierher, als sein Vorgänger sich zur Ruhe setzte. Da sein Wissen in bezug auf Schafe nicht zu übertreffen ist, wird er vollkommen sich selbst überlassen und ist sein eigener Herr.

Im Gegensatz zu vielen Menschen unserer Tage hat Alan die Freude an seinem Beruf nie verloren. Materielle Dinge bedeuten ihm nichts. Seine Einstellung zum Leben wird sicher nicht von jedem befürwortet, aber dieser Schäfer kann ein Vorbild sein dafür, wie man vollkommene Zufriedenheit und innere Erfüllung bei seiner Arbeit finden kann, ohne in erster Linie an den finanziellen Gewinn zu denken. Wenn man sich einmal vergegenwärtigt, wie das Landleben vor fünfzig oder noch mehr Jahren war, dann wird man feststellen, daß Schäfer schon immer so gewesen sind. Alan ist das Urbild eines Schäfers: Er ist körperlich stark, aber überaus liebevoll. Zu seinem Hund ist er genauso gut wie zu seinen Schafen.

Jedes Jahr während der Lammzeit lebt Alan ganz draußen in seiner Hütte – das ist im Dezember und Januar. Dann baut er einen Stall aus Holz und legt ihn mit Stroh aus. Wenn man ihn dabei beobachtet, fühlt man sich in das vorige Jahrhundert zurückversetzt. So war es unvermeidlich, daß diese Begegnung und Alans ganze Lebensweise, verbunden mit meiner Vorliebe für Samuel Palmer und Thomas Hardy, meine Phantasie unentwegt beschäftigten, so daß ich eigentlich fast täglich über Schäfer nachdenke. Meine innere Verbundenheit mit der Natur und den Menschen, die dort arbeiten, scheint in der Gestalt des Schäfers konkrete Formen anzunehmen.

Obgleich Alan nach alten Methoden arbeitet, hat er in vieler Hinsicht eine ganz moderne Auffassung, – aber das will ich als Künstler natürlich nicht so wahrhaben. Für mich ist er eine Gestalt voller Romantik. Sicher würde er mir ins Gesicht lachen, wenn ich ihm das zu verstehen gäbe! Er selbst sieht sich einfach als einen Mann, der mit Schafen arbeitet; für mich jedoch verkörpert er einen Teil der englischen Landschaft, vor allem der vergangenen Zeiten, aber doch auch noch der heutigen.

Er züchtet Hampshire Downs-Schafe, und von überallher kommen die Farmer, um sie zu kaufen. Viele Leute hier in der Gegend sagen, daß Alan die besten Schafe hat, weil er so vollkommen an seine Aufgabe hingegeben und bereit ist, selbst während der schlechtesten Zeit des Jahres die Nacht draußen bei ihnen zu verbringen.

Ich traf ihn in einer Scheune bei der Arbeit mit einem Handschergerät. Er schnipselte gerade rund um Augen und Nase der Schafe, um sie zur Schur vorzubereiten. Diese Arbeitsmethode ist, wie man mir sagte, heute nicht mehr gebräuchlich, und Alan ist einer der ganz wenigen Schäfer, der sie noch anwendet. Er tut es jedoch nicht, um sich zu produzieren, sondern schlicht deshalb, weil er es von jeher so gehalten hat. Diese traditionsbewußte Auffassung, ein Handwerk gut und richtig auszuüben, fasziniert mich als Künstler. Sie erinnert mich wieder an Thomas Hardys Darstellung von Gabriel Oak. Das Überzeugende an Alan ist, daß ihm das alles durchaus nicht bewußt ist; er arbeitet ganz unschuldig drauflos und übt in jeder Hinsicht seinen herrlichen Beruf mit Hingabe aus. Wahrscheinlich werde ich nie wieder einen solchen Mann kennenlernen, denn es wird unmöglich sein, ihn zu ersetzen, wenn er eines Tages geht.

Epilog

Wie Sie gesehen haben, ist meine Heimat nicht das England der Moors, Felsen und endlosen Steinmauern, sondern ein viel lieblicheres Fleckchen Erde mit Hecken, Wiesen und Weiden. Außenstehende mögen vielleicht nichts Besonderes daran finden, ja, es sogar für langweilig halten verglichen mit anderen Gegenden, wo es weitaus auffälligere Dinge zu sehen gibt. Für mich aber ist die Natur hier unbeschreiblich aufregend, und je mehr ich sie erforsche, desto mehr entdecke ich dabei.

Doch gerade weil ich mich so sehr mit der Natur befasse und ganz darin aufgehe, sehe ich mit Sorge, wie rings um mich alles mehr und mehr dem Untergang verfällt. Im dicht besiedelten Süden von England ist die Bedrohung am schlimmsten, nicht nur durch die Landwirtschaft, sondern auch durch Straßenbau, Kiesgewinnung und die unkontrollierte Ausdehnung der Städte. Der Gedanke an die logischen Folgen dieses Verhaltens ist mir unerträglich: Wir werden eines Tages eine Landschaft haben, in der es nur noch bearbeitetes Land und Menschen gibt. Es ist aussichtslos, diesen Umwandlungsprozeß aufzuhalten, solange immer noch nach einer Steigerung der Nahrungsproduktion geschrien wird, obgleich doch die Überernährung bereits eines der ernsthaftesten Gesundheitsprobleme unserer modernen Gesellschaft ist!

Die Frage, die wir uns selbst zu stellen haben, ist, was wir von der Natur erwarten. Für die Bauern ist sie der Quell ihres Lebensunterhaltes, aber das sollte die Erhaltung der Natur nicht ausschließen. Für viele andere Menschen ist sie der Ort, an dem sie Freude und Erholung finden; aber käme man ihren Wünschen zu sehr entgegen, dann würde aus der freien Landschaft ein Zwischending von Safaripark, Abenteuerspielplatz und Freilichtmuseum. Wir sollten um jeden Preis versuchen, unserer Nachwelt so viel wie möglich zu erhalten. Das bedeutet, Wege zu finden, wie das zu bewerkstelligen und wie die Landwirtschaft zu modernisieren ist, ohne daß die Landschaft dabei in ein Ausstellungsstück verwandelt wird. Im Augenblick gibt es außer dem guten Willen der Bauern keine wesentlichen Bemühungen, die Landschaftsstruktur zu schützen: Ohne besondere rechtliche Hindernisse können Hecken niedergemacht, Wälder gefällt, Wiesen umgepflügt und alte Bauernhäuser abgerissen werden. Die Rechte der Bauern und auch der Landbesucher müßten noch von größerem Verantwortungsbewußtsein durchdrungen sein. Werden wir doch in Zukunft die Natur mehr brauchen denn je.

Verzeichnis der Bilder

Die Malereien und Zeichnungen in diesem Buch wurden zwischen Januar 1979 und Mai 1980 geschaffen, außer den früher entstandenen Ölbildern, die auf den Seiten 8–9, 67 und 84 wiedergegeben sind. Diese wurden mit freundlicher Genehmigung ihrer Besitzer ebenfalls in das Buch aufgenommen.